AF227280

La Vérité sur le Panama.

RÉPONSE

DE

M. COSMAO-DUMENEZ, Député,

à un rallié inconscient.

Quimper, typographie A Jaouen.

A Monsieur Georges DERRIEN,

Candidat à la Députation dans la 2ᵉ circons-

cription de Quimper.

MONSIEUR,

Vous êtes de ceux qui, exploitant à outrance les tristes incidents de l'affaire de Panama, veulent pêcher dans cette eau trouble un mandat de député.

Cette ambition vous est commune avec M. Andrieux et avec bien d'autres ; mais, chez vous, elle ne date pas d'hier, et les affaires de Panama ne lui sont qu'une occasion nouvelle de se manifester.

Voici plus de quinze ans, Monsieur, que vous avez jeté votre dévolu sur la 2ᵉ circonscription de Quimper, et vous vous êtes juré sans doute qu'elle vous appartiendrait tôt ou tard.

S'il suffisait, pour réussir, de beaucoup de faconde et de peu de scrupules, il y a longtemps déjà que vous seriez député. Mais les électeurs bretons demandent davantage : pour choisir un représentant, ils exigent de lui qu'il mette dans ses actes un certain esprit de suite et une dose suffisante de sincérité.

Là est sans doute la cause du malentendu qui se prolonge entre les électeurs et vous. Descendez dans votre conscience et interrogez-la. Avez-vous assez souvent changé d'opinions, au gré des évènements ! Avez-vous assez cherché de tous côtés le vent favorable pour pousser votre candidature ! Avez-vous assez laissé voir, dans la turbulence de votre vie publique, l'envie folle d'arriver au but envers et contre tout !

Après notre regretté M. Arnoult, c'est moi qui suis

l'obstacle à vos ambitions, et je ne m'étonne pas des attaques que vous me prodiguez. Au moins m'est-il permis de vous juger à votre tour. non pas sur vos paroles, mais sur vos actes.

*
* *

Qu'étiez-vous, il y a quelques années, et qu'êtes-vous maintenant ?

Avant 1870, vous avez fait votre apprentissage politique dans les services intimes de l'Empire, au bureau de la presse, d'où sont sorties tant de révélations scandaleuses, qui ne doivent pas vous rendre fier du rôle que vous y avez joué.

En 1870. vous vous êtes attaché au Gouvernement de la Défense nationale jusqu'au jour, — qui ne s'est pas fait attendre, — où il vous a signifié votre congé.

Vous avez disparu pendant la guerre. alors que les hommes de votre âge faisaient face à l'ennemi. Etes-vous allé. comme certains le disent faire une promenade à l'étranger ? Ce qui est certain, c'est que vous n'avez reparu en 1871. après la paix conclue, que pour vous faire mettre en possession d'un emploi lucratif.

Vous avez servi la République de M. Thiers. puis celle de M. de Broglie, puis celle de M. Dufaure. Vous auriez servi sans doute celle de Gambetta et même celle de M. Floquet. si l'on n'avait mis ordre à votre zèle en vous gratifiant d'une pension de retraite dont la régularité ne paraît pas très démontrée à ceux qui ont examiné de près la question.

Fonctionnaire de la République, vous visiez déjà la députation dans la 2ᵉ circonscription de Quimper et vous cherchiez, en 1877. à vous y faire agréer comme candidat officiel de l'Ordre moral.

En 1880, vous étiez candidat au Conseil général contre M. Arnoult dans le canton de Pont-l'Abbé. et vous vous présentiez comme bonapartiste. Vous fûtes, d'ailleurs, battu à plus de 1,200 voix de majorité.

En 1886, dans des lettres publiques adressées aux journaux du département, vous vous baptisiez vous-même du nom de « bonapartiste fidèle au malheur. »

C'est encore sous cette enseigne que votre candidature fut posée contre la mienne, en 1887. dans l'élection au Conseil général qui suivit la mort de M. Arnoult. Les électeurs de Pont-l'Abbé ne se démentirent pas : ils m'élurent par 2.607 voix, tandis que vous en obteniez 1,554.

En 1889, quand le boulangisme vint jeter la division dans les rangs républicains. l'idée vous vint d'en profiter pour prendre votre revanche. Vous fûtes. dans la 2ᵉ circonscription de Qu'mper. le porte-drapeau du parti boulangiste, allié à toutes les autres variétés de la réaction. On vous vit paraître sur le terrain électoral, soutenu d'un côté par M. le comte de Saint-Luc, de l'autre par le général Boulanger. Personne n'a oublié le résultat, et vous moins que personne, puisque vous n'avez pu encore vous y résigner.

En ce temps-là. vous vous époumonniez à crier : Vive la République ! dans nos réunions électorales. Quelques semaines après. les journaux nous apprenaient que les comités bonapartistes venaient d'être réorganisés à Paris et que vous en étiez l'un des principaux ornements.

L'année dernière. sans oser vous mettre en avant. vous tentiez sournoisement de bouleverser les municipalités républicaines et de faire échouer ma candidature au Conseil général dans le canton de Pont-l'Abbé. Vous savez comment cela vous a réussi.

Aujourd'hui. vous revenez à la charge sous des traits nouveaux. ceux de républicain rallié .... conditionnellement. Nous verrons si ce déguisement vous ira mieux que les autres et plaira davantage au suffrage universel.

En attendant, que prouvent ces variations incessantes, ce besoin perpétuel de faire peau neuve ? Cela prouve de deux choses l'une : que vous avez passé votre vie à vous tromper ou à tromper autrui. Choisissez !

Ce n'est pas moi qui le dis. c'est chacune de vos déclarations politiques qui contribue à faire votre confession.

Quel titre à la confiance des électeurs ! Et quelle garantie de la solidité de vos nouvelles convictions !

Avant de faire la leçon à vos adversaires. ne vous semble-t-il pas que vous auriez profit à prendre, de votre côté, quelques leçons de fixité politique ? Se proposer pour guide au corps électoral, c'est fort bien ; mais il faudrait commencer par apprendre à se diriger soi-même.

*
* *

Quant à moi, Monsieur, ma vie n'a point été aussi agitée ; mais c'est celle d'un honnête homme, d'un républicain sincère, qui a fait en tout temps ses preuves et ne peut être accusé d'avoir changé de drapeau politique pour courir après la députation.

J'étais républicain sous l'Empire. Ce sont mes opinions, bien connues de mes compatriotes, qui me firent placer à la tête de la municipalité de Pont-l'Abbé, le 4 septembre 1870.

Il vous plaît de rappeler que j'ai prêté serment à l'Empire. en qualité de conseiller municipal. Est-ce ma faute si l'Empire soumettait à cette monstrueuse exigence les élus du suffrage universel ? Thiers, Jules Favre, Berryer, se sont également soumis à la formalité du serment pour entrer dans les Chambres impériales. Allez-vous prétendre qu'ils ont fait acte d'adhésion sérieuse au gouvernement tyrannique qui exigeait d'eux cet hommage ? S'il y a quelqu'un que ce souvenir atteigne et flétrisse, c'est l'Empire, dont vous étiez alors l'âme damnée. Vous êtes vraiment mal inspiré de nous y faire songer.

Républicain, je suis resté à mon rang, tant que la 2ᵉ circonscription de Quimper et le canton de Pont-l'Abbé ont eu pour représentant l'honorable M. Arnoult. Les crises politiques du 24 mai et du 16 mai m'ont trouvé prêt à remplir mon devoir, sans nulle arrière-pensée. Quand la mort de M. Arnoult a si douloureusement éprouvé notre circonscription, tous mes compatriotes me sont témoins que je n'ai pas recherché sa succession : ce sont eux qui m'ont désigné pour cet honneur, auquel je n'ai pu ni dû me dérober.

Telle est ma vie publique : je vous défie d'y trouver à reprendre au point de vue de l'unité politique, aussi bien que de la la loyauté.

*
* *

Cela dit, — et je crois que c'était nécessaire pour poser le débat sous son véritable jour, — venons aux griefs que vous tirez contre moi des affaires de Panama dans une brochure dont vous avez inondé notre circonscription.

Ce n'est pas que je me croie tenu de vous répondre : ni vous, ni vos amis, n'avez de droits à mes explications. Mais les électeurs de la 2ᵉ circonscription de Quimper pourraient s'étonner de mon silence et je ne veux pas vous laisser prétexte d'en triompher devant eux.

#
***

Faut-il remonter aux origines des affaires de Panama? Votre parti n'a pas beaucoup à y gagner.

C'est en 1888 que fut adoptée la loi qui autorisait la Compagnie de Panama à émettre des obligations à lots. Je n'étais pas alors député, et le département du Finistère n'avait au Parlement aucun représentant républicain. Eh bien! cette loi, qui devait amener tant de ruines, fut votée par l'élite du parti réactionnaire : à la Chambre, par MM. Freppel, Lorois, de Kersauson, etc.; au Sénat, par MM. Le Guen, du Frétay, Soubigou.

Il y avait, à la Chambre de 1888, 376 républicains et 192 réactionnaires ou boulangistes. Dans les 284 voix qui se prononcèrent **POUR** le projet, on compte 148 réactionnaires et 136 républicains. Faites le calcul : c'est **LE TIERS** des républicains seulement qui vota l'autorisation, tandis que les réactionnaires la votaient presque sans exception. Aucun réactionnaire ne vota **CONTRE**; tout au plus quelques-uns poussèrent-ils le courage jusqu'à se réfugier dans l'abstention.

On dit maintenant qu'à cette époque la corruption parlementaire s'exerça sur une grande échelle; on parle de cent ou même de cent cinquante députés corrompus ..... Pour l'honneur de la France, je veux croire que ces chiffres fantastiques n'ont jamais existé que dans l'imagination des faiseurs de scandales. Mais, à les supposer fondés, comment croire que tous les corrompus sont dans les rangs de la gauche, alors que c'est la droite qui a apporté à la Compagnie de Panama le plus fort contingent de votants?

Un journal républicain le disait excellemment ces jours derniers :

« Ou ceux qui ont voté pour le Panama ont voté selon leur conscience, et alors de quel droit les meneurs de la campagne de boue incriminent-ils les membres de la gauche qui ont voté pour l'émission ?

« Ou les votes favorables à l'émission ont été payés, et alors c'est à droite, où elle a été votée à la presque unanimité, qu'il y a eu le plus de vendus. »

On a beau se retourner, en effet, on ne sortira pas de là !

*
* *

C'est la droite pourtant qui a commencé la campagne de scandale par l'organe de M. Delahaye. Vous lui en faites vos compliments. soit ! Mais vous ajoutez que. sans l'interpellation de M. Delahaye. la lumiè.e ne se serait pas faite. C'est ici que je dois vous arrêter.

L'interpellation fameuse de M. Delahaye est du 21 novembre. Deux jours avant, le 19 novembre. M. Ricard. ministre de la Justice. avait décidé de poursuivre les administrateurs du Panama. Ne serait-ce point même l'annonce de cette poursuite qui a excité dans un certain monde des colères dont M. Delahaye s'est fait le vengeur ?

C'était une accusation collective que M. Delahaye avait lancée du haut de la tribune. sans noms et sans preuves ; mais la Chambre ne voulut pas rester un instant sous le coup de pareils soupçons. La nomination d'une Commission d'enquête fut décidée séance tenante. Quelques jours après. la Commission fonctionnait et M. Delahaye était des premiers appelés devant elle. Il avait promis des faits et des preuves ; que donna-t-il ? Rien. Et pourquoi ? Probablement parce qu'il n'avait rien à donner.

Libre à vous d'envier cette attitude et de vous trouver très honoré d'être comparé à M. Delahaye. Ceux qui vous connaissent l'un et l'autre n'en seront pas surpris.

*
* *

Par quel procédé désigner les membres de la Commission d'enquête ? On proposa d'abord de le faire par voie de tirage au sort.

Vous me faites un crime de n'avoir pas voté la proposition. Ce crime, je le partage avec 444 collègues, c'està-dire avec plus des trois quarts de la Chambre ; car, à droite comme à gauche. l'idée eut un franc succès d'hilarité. Tirer au sort une Commission de cette importance. quelle plaisanterie ! Pourquoi pas aussi la Commission du budget ? Pourquoi pas le gouvernement lui-même ?

L'auteur de cette proposition saugrenue était M. Paulin-Méry. député boulangiste Au dernier moment il recula devant son œuvre et s'abstint de voter. Il y a mieux : votre héros. M. Delahaye lui-même. oui. M. Delahaye. ce précurseur de la vérité. ce flambeau de lum'ère. vota contre la proposition avec moi...... De grace. Monsieur, ne lui retirez pas votre admiration pour si peu !

*
* *

Cette proposition écartée, il fut question de nommer la Commission d'enquête au scrutin de liste. Vous me demandez pourquoi j'ai repoussé ce mode de votation.

Pourquoi ? mais d'abord parce qu'il pouvait avoir pour effet de sacrifier la représentation des minorités, ce qui d'ailleurs a failli arriver. Ah! si la droite n'avait pas été représentée dans la Commission. quel vacarme ! Je vous entends d'ici. vous et vos amis. récriminer contre cette exclusion et crier qu'une Commission ainsi composée ne vous offrait aucune garantie d'impartialité.

Le scrutin de liste en séance publique a, en outre, l'inconvénient d'exiger beaucoup de temps et nous n'en avions guère à perdre. Comme tous les députés soucieux des intérêts généraux de la France. j'avais hate d'en finir et de passer à la discussion du Budget qui nous attendait.

Mais. faut il vous l'apprendre? le scrutin de liste n'est qu'un procédé tout-à fait except'onnel pour constituer les Commissions parlementaires. Il y en a un autre. qui se prat'que tous les jours et presque pour tous les cas : c'est la nomination dans les bureaux.

Que fait-on. par exemple. lorsqu'il s'agit de nommer les 33 membres de la Commission du Budget ? Les bureaux sont convoqués ; chacun d'eux. composé d'une cinquantaine de députés. écoute les explications des candidats. puis passe au vote. Trois membres sont ainsi élus par bureau, après discussion, en toute connaissance de cause.

et sans qu'on puisse soupçonner le résultat d'être altéré dans un intérêt de parti.

Eh bien ! c'est ce procédé si simple, si raisonnable, que j'aurais voulu voir appliquer à la formation de la Commission d'enquête, et 218 de mes collègues ont été du même sentiment. La proposition en a été faite, vous le savez *(Journal officiel*, page 1655, 1ʳᵉ colonne, lignes 14 et suivantes). Alors, pourquoi donc n'en soufflez-vous mot ? Dans quel but dissimulez-vous cet élément essentiel du débat ? Vous vous plaisiez à penser sans doute que je ne me défendrais pas, et vous vous êtes dit qu'aux yeux de ceux qui liraient votre diatribe, je resterais convaincu d'avoir tout fait pour empêcher la constitution de la Commission d'enquête, moi qui n'ai eu en vue qu'un moyen meilleur de la constituer !

Une réalité vous gêne ; vous l'escamotez. Les honnêtes gens apprécieront.

*
* *

Passons à la proposition Pourquery de Boisserin (26 novembre).

Cette proposition tendait à conférer à la Commission d'enquête des pouvoirs exceptionnels, égaux à ceux de la justice régulière.

J'ai repoussé l'urgence. Je n'aurais pas hésité à voter contre la proposition elle-même, si l'urgence avait été prononcée.

Mes motifs sont simples. J'avais conçu la Commission d'enquête comme une juridiction disciplinaire, un tribunal d'honneur, chargé de sauvegarder la dignité du Parlement, ni plus ni moins. Jamais il ne m'était venu à l'esprit d'en faire une concurrence à la Justice, une sorte de contrefaçon du pouvoir judiciaire.

Il y a des juges en France, Monsieur, et les affaires du Panama leur appartenaient de droit. Mettre en face d'eux une Commission parlementaire investie d'attributions judiciaires, ce n'était pas seulement faire acte de défiance à leur égard, c'était violer la règle de la séparation des pouvoirs, c'était ouvrir une ère de conflits perpétuels.

A chacun sa tâche : aux députés celle de faire les lois, mais aux magistrats celle de les appliquer.

Nous avons été 234 à comprendre ainsi la question. Examinez cette liste de votants, Monsieur. vous y trouverez des noms devant lesquels vous serez forcé de vous incliner : marquis de Cornulier, Jules de Lareinty, prince d'Arenberg, comte de Maillé, vice-amiral de Dompierre d'Hornoy, baron Reille, vicomte de Monfort, d'autres encore, et, pour couronner la liste, M. Jacques Piou en personne, le chef de ces ralliés dans les rangs desquels vous essayez de vous faufiler.

Ces conservateurs-là, du moins, sont conséquents avec leurs principes : ils ont repoussé la proposition Pourquery de Boisserin comme révolutionnaire. Mais que penser de vous, Monsieur, qui les atteignez par contre-coup en cherchant à me frapper ?

Il y a cent ans que votre parti jette l'anathème à la Convention de 1793. lui reprochant de n'avoir laissé subsister aucun pouvoir en dehors d'elle. Au moins la Convention avait-elle l'excuse du péril national. Quelle excuse aurait la Chambre de 1893, s'il lui arrivait de transformer aujourd'hui ses commissions en comités de salut public ? L'affaire de Panama, grossie à plaisir par vous et vos pareils, n'est peut-être pas de taille à justifier devant l'opinion publique une pareille usurpation.

*
* *

Un mot maintenant de l'interpellation de M. de la Ferronnays (28 novembre).

Ici, nous sommes au plus fort de ces commérages que l'affaire du Panama fit naître en si grande quantité. On commente les causes de la mort du baron de Reinach : M. de la Ferronnays insinue que le mort n'est peut-être qu'un mort pour rire, qu'il a été remplacé dans le cercueil par du sable ou des cailloux, que sais-je encore ? Comme tout cela paraît sérieux à distance. n'est-ce pas ? M. de la Ferronnays conclut à l'autopsie pour vérifier si, au cas où M. de Reinach serait réellement mort, il n'aurait pas été victime d'un acte criminel.

M. Ricard, ministre de la Justice, et M. Brisson. président de la Commission d'enquête, se trouvèrent d'accord pour déclarer que rien n'autorisait à présumer un crime. Seulement, il y eut dissidence sur la solution du débat : tandis que M. Brisson proposait un ordre du jour motivé, le ministre acceptait l'ordre du jour pur et simple.

Je votai l'ordre du jour pur et simple, toujours sous la même inspiration, pour ne pas sortir du droit commun et pour laisser à la justice le soin de diriger l'instruction. Si nous fûmes en minorité, j'eus du moins la satisfaction de m'y voir en bonne compagnie, près de deux républicains que vous proposez volontiers en exemple, MM. Cavaignac et Casimir-Périer.

Le ministère tomba sur ce scrutin, ce qui était le but assez visible de la manœuvre. Plus d'un de ceux qui le renversèrent s'aperçut trop tard des conséquences de son vote.

Il restait néanmoins à voter sur l'ordre du jour de M. Brisson. Faute de ministres, cette démonstration ne s'adressait plus à personne. Dans ces conditions, je m'abstins, toujours en compagnie de MM. Cavaignac et Casimir-Périer.

Quoi de plus naturel ?

*
* *

La proposition Pourquery de Boisserin revient sur le tapis dans la séance du 5 décembre. Il s'agit encore de conférer à la Commission d'enquête des pouvoirs jusqu'ici réservés à la magistrature, droits de réquisition, de saisie, de perquisition, délivrance de commissions rogatoires, avec adjonction d'un vrai magistrat pour exécuter ses décisions. C'est la confusion des pouvoirs dans toute sa beauté !

Si ce méli-mélo révolutionnaire est de votre goût, il n'est pas du mien. J'aime trop la République pour suivre ceux qui prétendent la faire vivre de désordre...., en attendant qu'elle en meure. Avec M. Cavaignac et avec bon nombre d'autres républicains, je fus donc de la minorité qui se prononça contre l'urgence de la proposition.

Aussitôt l'urgence adoptée, on vit la division éclater dans la coalition de réactionnaires et de boulangistes qui venaient de marcher ensemble au scrutin. Un boulangiste, M. Millevoye, réclama la discussion immédiate de la proposition ; mais la droite, effrayée, trouva que l'esprit révolutionnaire en avait assez obtenu pour un jour. Au vote nouveau, elle fit volte-face : les réactionnaires de notre département, MM. d'Hulst, Boucher, de Kermenguy, votèrent contre la discussion immédiate, après avoir voté pour l'urgence quelques minutes avant. L'auteur de la proposition, M. Pourquery de Boisserin, n'insista même plus : il s'abstint de prendre part au scrutin.

Ce dénouement de l'affaire est passablement instructif, n'est-ce pas ? D'où vient donc, Monsieur, que vous *oubliez* d'en faire mention ? C'est que l'incident éclaire d'un jour implacable la manœuvre de vos amis et que vous avez besoin de cacher ces perfidies aux électeurs.

Cette fois encore, les voilà édifiés !

*
* *

Nous sommes au 8 décembre, M. Bourgeois, devenu ministre de la justice, est interpellé par M. Hubbard, député radical, sur le concours qu'il entend prêter à la Commission d'enquête.

Vous donnez raison à M. Hubbard, naturellement. Cependant, la réponse du ministre ne me sembla pas si mauvaise. Il fit son devoir de membre du gouvernement en déclarant qu'il maintiendrait les principes de notre droit public, tels qu'ils étaient issus de la Révolution française; mais il consentit à mettre à la disposition de la Commission d'enquête les pièces de l'instruction judiciaire ouverte au sujet du Panama. La communication de ces pièces devait être réglée par une circulaire de M. Dufaure, écrite en 1877, à l'occasion d'une autre enquête parlementaire, et dont les prescriptions très raisonnables traçaient la limite exacte entre les pouvoirs du Parlement et ceux de la justice. Le ministre déclara, d'ailleurs, qu'il s'efforcerait « *de faciliter la tâche de la Commission d'enquête pour qu'elle arrivât à une manifestation éclatante et complète de la vérité.* » (*Journal officiel*, p. 1762).

Pleinement satisfait de ces déclarations, je votai un ordre du jour de confiance, qui fut adopté par 307 voix contre 100. MM. Cavaignac et Casimir-Perier firent, avec moi, partie de la majorité.

*
* *

A la fin de la séance du 8 décembre, M. de Ramel demanda l'urgence pour une proposition de loi de sa façon. Elle visait à « *charger un ou plusieurs mandataires d'intenter ou de soutenir, devant toute juridiction, toute action contre les administrateurs, gérants ou toutes autres personnes, auteurs ou complices, ayant dissipé ou détourné des fonds de cette entreprise (Panama), et de les représenter en justice, sans préjudice de l'action que chaque porteur peut intenter individuellement en son nom personnel.* » Par l'article 2. la proposition accordait *aux mandataires* le bénéfice de l'assistance judiciaire.

Dans une lettre au *Finistère* (31 décembre 1892), je me suis déjà expliqué sur les raisons qui m'empêchèrent de voter l'urgence de cette proposition. Il me suffira de les rappeler sommairement.

C'était une loi de privilège, chose toujours suspecte. contraire au principe d'égalité entre les citoyens. C'était aussi une imprudence : car, sous prétexte de protéger les intérêts des porteurs du Panama, M. de Ramel exposait ces malheureux à tomber dans les mains de syndicats véreux ou d'agents d'affaires qui auraient bientôt fait d'achever leur ruine.

Et pourquoi leur octroyer *en bloc* l'assistance judiciaire ? Ceux qui sont indigents n'avaient nul besoin de loi nouvelle pour l'obtenir. Cette faveur n'aurait donc profité qu'aux riches, aux spéculateurs, aux moins intéressants parmi eux. Qu'auraient dit nos cultivateurs ou nos ouvriers qui, dans les procès ordinaires, ont tant de peine à se faire accorder l'assistance judiciaire ? Qu'auraient dit surtout les contribuables, sur lesquels serait retombée de tout son poids la perte faite par le Trésor public ?

La meilleure preuve que la proposition de Ramel était inacceptable, c'est qu'elle tomba presque aussitôt en oubli. Un autre projet, plus sérieux, fut déposé peu après par le Gouvernement : il tendait à la nomination d'un *mandataire unique*, désigné par la justice, et bénéficiant de l'assistance judiciaire, sous cette réserve *que les frais avancés par le Trésor devaient lui être remboursés sur le montant des condamnations.*

Si c'était cela qu'avait demandé M. de Ramel, je n'aurais pas hésité à voter l'urgence de sa proposition ; car j'aurais vu tous les intérêts sauvegardés, y compris ceux des contribuables, dont vous avouerez que j'avais avant tout à m'occuper.

*
* *

Le 13 décembre, la Chambre vota le renvoi de la proposition de Ramel aux bureaux pour la nomination d'une Commission. Je me suis abstenu. MM. Cavaignac et Casimir-Périer se sont abstenus de même. Si vous voulez trouver les noms de plusieurs de vos amis, MM. du Bodan, Jolibois, baron Eschassériaux, baron de Soubeyran, etc., c'est aussi dans la catégorie des abstentions qu'il faut les chercher. Je leur renvoie à tous la censure que vous m'adressez.

Ces honorables collègues partageaient sans doute ma défiance à l'égard de la loi d'exception demandée par M. de Ramel. Mais, de plus, ils ont dû se dire comme moi qu'il existait déjà une Commission dite « des porteurs de titres de Panama », et que l'affaire eût pu lui être renvoyée, sans créer tout exprès une Commission nouvelle en l'honneur de M. de Ramel.

*
* *

Dans la séance du 15 décembre, M. Pourquery de Boisserin et son projet font une troisième apparition.

Cette fois, le président de la Commission d'enquête, M. Brisson, reconnaît que la Commission se trouve suffisamment armée par « *les communications déjà faites par le Gouvernement et sa promesse de concours pour l'avenir* » (*Journal officiel*, p. 1816). Ce qui ne l'empêche pas de conclure qu'il faut réserver la proposition Pourquery de Boisserin pour être discutée plus tard, si la Commission jugeait en avoir besoin.

C'était tenir cette proposition suspendue, comme une perpétuelle menace, sur la tête de la Chambre et du Gouvernement. Le gouvernement aima mieux en finir tout de suite et demanda la discussion immédiate de la proposition. Il l'obtint par 410 voix contre 103.

Je « m'empressai » de voter en ce sens, comme vous le dites, et mon bulletin se trouva encore mêlé, dans l'urne, à ceux de MM. Cavaignac et Casimir-Périer.

Vint ensuite le vote sur le passage aux articles. Il s'agissait, au fond, d'accepter ou de rejeter la proposition Pourquery de Boisserin. Je votai *contre*, d'abord parce que je ne voulais, à aucun prix, de la confusion des pouvoirs, mais aussi parce qu'il ne me convenait pas de donner aux conspirateurs monarchistes et boulangistes la joie d'une crise ministérielle.

Eh oui, Monsieur, dûssiez-vous rire de mes scrupules, je n'imagine pas que le dernier mot de l'indépendance ni de la sagesse politique soit de culbuter les ministères républicains les uns sur les autres, comme le faisait naguère M. de Saint-Luc et comme vous ne manqueriez pas de le faire vous-même, si vous arriviez au Palais-Bourbon. Demandez aux électeurs de notre circonscription s'ils sont là-dessus de votre avis ou du mien !

La majorité ministérielle ne fut pas considérable (271 voix contre 265), mais ce fut du moins une majorité de républicains sincères, dans les rangs desquels figurèrent avec moi MM. Cavaignac et Casimir-Périer.

*
* *

Dans cet écrit, je ne prétends défendre que mes propres actes. Vous me permettrez donc de mentionner simplement pour mémoire vos digressions et observations diverses sur le compte de MM. Rouvier, Floquet et Clémenceau.

Le premier s'est expliqué devant un juge d'instruction et a été innocenté par une ordonnance de non-lieu.

Les deux autres n'ont pas même été inquiétés.

Tous trois restent d'ailleurs soumis aux investigations de la Commission d'enquête que j'ai contribué à nommer. Il ne m'appartient pas de préjuger le rapport de la Commission ni la décision finale de la Chambre en ce qui les concerne.

Quant à Cornélius Hertz, je n'ai aucune raison pour ne pas vous le livrer.

Le Gouvernement l'a fait rayer des cadres de la Légion d'honneur. Il a demandé son extradition qui, à l'heure actuelle, dépend uniquement de la justice anglaise. Que voulez-vous qu'on fit de plus ?

*
* *

En vous suivant pas à pas, j'arrive à l'interpellation Millevoye (séance du 23 décembre).

Faite sous un prétexte quelconque, cette interpellation eut le mérite de démasquer les projets de la coalition monarchico-boulangiste. M. Millevoye conclut à la dissolution immédiate de la Chambre.

Frapper la Chambre actuelle pour des faits remontant à la législature précédente, quelle logique ! quelle justice ! Mais aussi quelle aubaine pour ceux qui voudraient faire tenir la prochaine question électorale tout entière dans cette misérable affaire de Panama !

Il y avait six semaines qu'on n'entendait plus parler que de Panama à la tribune parlementaire. C'était trop, à la fin ! La clôture fut demandée et je fus de ceux qui la votèrent. C'était repousser la lumière, selon vous. Parlez-vous sérieusement ?

Eh quoi ! précipiter les élections législatives sans rime ni raison, les bâcler comme une affaire insignifiante, avant le résultat du procès d'escroquerie soumis à la Cour d'appel de Paris, avant le résultat du procès de corruption déféré à la Cour d'assises, avant la fin des travaux de la Commission d'enquête, bref avant toute manifestation sérieuse de la vérité ; voter dans l'obscurité, au milieu d'indignes commérages de presse et d'inventions ridicules chaque jour renouvelées, c'est cela que vous appelez faire la lumière ! Comment vous y prendriez-vous donc pour l'étouffer ?

La clôture fut repoussée à quelques voix de majorité ; mais la Chambre termina le débat en votant par 352 voix, toutes républicaines, un ordre du jour qui affirmait à la fois sa confiance dans le Gouvernement et sa résolution de poursuivre « l'œuvre de justice et de lumière qui s'imposait. »

En apportant mon suffrage à cet ordre du jour, j'ai eu

l'assurance de bien comprendre la volonté des électeurs qui m'ont chargé de défendre la République et de déjouer les intrigues combinées contre elle.

Dans les deux scrutins que je viens de rappeler, mon vote se trouva encore conforme à ceux de MM. Cavaignac et Casimir-Périer.

*
* *

Une nouvelle session législative s'ouvre le 10 janvier 1893, et son premier acte est la nomination du Président.

J'ai pris part au scrutin, fait par voie d'appel nominal. C'était mon droit; j'ai jugé que c'était mon devoir.

Vous en concluez que j'ai voté pour M. Floquet. Et vous affirmez le fait! Voyons, qu'en savez-vous?

Ce genre de scrutin est secret, tellement secret que chaque bulletin est remis sous enveloppe.

On a trouvé dans l'urne des voix données à MM. Casimir-Périer et Brisson ; on y a également trouvé une dizaine de bulletins blancs.

Plusieurs de mes collègues du département ont voté, eux aussi (1). En dehors d'eux, qui peut se flatter de connaître leur vote?

Décidément, Monsieur, votre ignorance des faits réels n'a d'égale que votre hardiesse à en inventer de chimériques !

*
* *

Du 10 janvier vous passez au 8 février. Le saut est brusque, Monsieur ; n'avez-vous remarqué, dans ce long intervalle, rien qui méritât un moment d'arrêt?

Il y a pourtant une séance qui compte dans l'histoire du Panama : c'est celle du 7 février 1893.

---

(1) L'un d'eux, M. de Gasté, n'a aucune parenté avec M. Floquet, contrairement à ce que vous en dites ; c'est lui-même qui me l'a affirmé. Encore un détail de pure imagination dans votre brochure. S'il n'y avait que celui-là !

Sur une interpellation de M. Argeliès, député boulangiste, le Président du Conseil fut appelé à faire connaître les dispositions du Gouvernement à l'égard des intérêts français engagés à Panama. Voici sa réponse textuelle :

« Il ne faut pas perdre de vue que le Gouvernement français s'est interdit toute ingérence dans les affaires de Panama ; cela est écrit dans les statuts de la Société, cela a été dit au moment où la permission de faire une émission a été accordée ; mais nous n'interprétons pas ce texte avec une rigueur excessive. Nous ferons,— vous pouvez en avoir l'assurance sans que j'aie besoin de le dire, et ce n'était pas la peine de m'amener à la tribune pour le déclarer — nous avons déjà fait et nous ferons tout ce qui dépendra de nous et ne sera pas contraire aux intérêts de la société. »

Quelques instants après, il ajoutait :

« Si vous voulez dire que le Gouvernement français ne doit pas se désintéresser de cette entreprise, et que, dans les limites de l'action qui lui est permise, il doit tout faire, — entendez-vous, — pour ne pas laisser se perdre les capitaux qui y sont engagés et pour sauver aussi, dans cette mesure, une grande œuvre, vous n'avez pas besoin de faire appel au Gouvernement. Il n'a rien négligé, il a tout fait, il le fera encore, quoique vous disiez, non pas malgré vous, mais non pas à cause de vous ; il le fera parce que c'est son devoir. »

Comme sanction du débat, le Gouvernement demanda l'ordre du jour pur et simple, qui fut voté par 354 voix contre 34 ; preuve évidente que les déclarations gouvernementales étaient jugées satisfaisantes par tout le monde, même par les défenseurs des obligataires du Panama.

Bien entendu, je fus des 354, ainsi que M. Cavaignac. M. Casimir-Périer, devenu président de la Chambre, s'abstint, selon l'usage.

Pourquoi donc, ayant entrepris l'histoire du Panama, avez-vous brûlé cette étape ? Est-ce parce qu'il eût fallu reconnaître la sollicitude du Gouvernement et de la majorité républicaine pour ces infortunés porteurs du Panama, que vous cherchez à ameuter contre nous ? (1)

---

(1) On sait que, depuis lors, le gouvernement Colombien a prolongé de vingt mois la concession de l'isthme à la Compagnie française du Panama.

Une fois de plus, vous avez commis là ce qu'on appelle en théologie le péché d'omission. Mais, vous n'en êtes plus à compter les péchés de ce genre, n'est-il pas vrai?

*
* *

Nous voici, dans votre petit roman politique, au point capital.

A la séance du 8 février, M. Cavaignac prononce un discours mémorable. dont j'ai voté l'affichage dans toutes les communes de France. Il y a une chose sur laquelle je suis d'accord avec vous : j'aurais voulu le faire entendre à tous mes électeurs.

Oui. j'aurais voulu que tous l'entendissent; car cette voix honnête aurait admirablement répondu à la traditionnelle honnêteté des populations que je représente. Elle leur eût montré surtout à quel point le parti républicain, le parti des Godefroy Cavaignac et des Gambetta, est étranger aux malpropretés financières qu'on cherche à exploiter contre les républicains d'aujourd'hui.

J'ai voté à contre-cœur. selon vous. et j'ai par là condamné mes votes antérieurs?

C'est vous qui le dites; mais. heureusement, ce n'est que vous. Expliquez donc alors comment il se fait que, dans tous mes votes antérieurs. je n'ai cessé d'être en communauté parfaite d'opinions avec M. Cavaignac?

Si je m'étais démenti, c'est lui qui aurait commencé par se démentir. Je vous mets au défi de réfuter cette simple constatation.

Quand j'ai voté blanc. il a voté blanc ; quand j'ai voté noir. il a voté noir ; tout ce qui précède l'a suffisamment démontré. C'est vous qui auriez voté noir. quand il votait blanc. et réciproquement. Et c'est vous qui tentez de mettre l'attitude de M. Cavaignac en opposition avec la mienne!

S'il y a dans tout ceci un « incohérent », qui donc est-il ? Est-ce M. Cavaignac et M. Cosmao-Duménez? Ou bien plutôt, est-ce M. Derrien? Je laisse à nos lecteurs le soin d'en décider.

J'ai tenu à répondre complètement, — trop complètement peut-être, — à votre réquisitoire, et j'ose croire qu'il n'en reste plus grand'chose dans l'esprit des lecteurs de bonne foi.

Votre plan d'attaque était assez clair : vous avez voulu détourner l'attention publique des grandes quest'ons politiques sur lesquelles vous seriez fort embarrassé de soutenir la lutte. et les affaires de Panama. si obscures encore. si controversées. vous ont paru être. pour votre candidature chancelante. le meilleur terrain de discussion.

Concentrer toute l'existence nationale dans ce cloaque, remuer la boue qui le remplit pour en éclabousser notre Gouvernement. au risque de salir la France elle-même, quel idéal. Monsieur, pour des politiciens discrédités tels que vous !

Les électeurs se chargeront de vous dire ce qu'ils en pensent. Je leur crois l'âme plus haute que la vôtre. et j'aime à espérer que. dans l'élection prochaine, ils s'occuperont d'autre chose que du Panama.

Ils vous entendront proclamer que vous êtes rallié à la République ; c'est fort bien. Mais l'idée leur viendra peut-être de vous demander comment vous entendez la pratique du régime républicain.

Renverser les ministères. c'est une besogne facile et dont vous vous acquitteriez tout comme un autre ; l'important est d'élever un gouvernement durable sur des principes bien définis.

Un mot, un seul mot. nous éclaire sur vos vues. Vous consentez à reconnaître que tous les républicains ne sont pas malhonnêtes et vous daignez accorder à M. Carnot, qui vous en sera sans doute fort reconnaissant. un de vos certificats de probité. Après quoi vous ajoutez :

« Je suis même convaincu que si M. Carnot avait des pouvoirs plus étendus *et s'il était l'élu du peuple et non l'élu du Parlement*, il serait le premier a poursuivre les misérables qui déshonorent notre pays. »

Aïe ! Monsieur, voici le bout d'oreille bonapartiste qui dépasse, et d'une belle longueur. Votre République, nous la connaissons : c'est celle qui a eu pour président, Louis Bonaparte et qui s'est effondrée dans le coup d'Etat du 2 décembre 1851. Le plébiscite, l'élection du chef de l'Etat par le suffrage universel direct, voilà tout le portrait de l'Empire, sauf le nom. Je comprends qu'il n'en coûte pas à votre vieux bonapartisme de se rallier à une République comme celle-là !

*
* *

Ma conception de la République est toute différen'e.

Je ne suis pas plus pour la République de M. Rouvier que pour celle de M. Floquet ou de M. Cavaignac ; je suis pour la République tout court, et je n'éprouve pas le besoin de la personnifier dans un homme, si grand qu'il soit.

Ma République, fondée sur les immortels principes de la Révolution française, veille avec soin sur la souveraineté nationale et ne permet pas qu'elle soit déléguée autrement qu'à temps, entre les mains de mandataires qui se contrôlent les uns les autres et qui sont toujours responsables de leurs actes.

Votre République, la République césarienne, met le peuple à la merci d'un seul homme, investi d'un pouvoir dictatorial et par là même impossible à contrôler ; sous prétexte de donner plus d'éclat à la manifestation de la volonté nationale, elle la confisque et la livre en proie à toutes les tyrannies, à tous les abus, à tous les dangers du dehors. N'est-ce pas le césarisme qui nous a valu la plaie, toujours saignante, de la guerre de 1870 ?

Entre la vraie démocratie et la fausse, entre la République sans épithète et la République césarienne, les électeurs français choisiront. Mais n'y a-t-il pas tous les jours assez d'élections pour nous dire que leur choix est fait depuis longtemps ?

*
* *

Ce qu'on ne saurait trop admirer dans votre brochure, c'est l'aisance avec laquelle vous évoluez entre les divers camps parlementaires en vous transportant de l'un à l'autre selon les besoins de votre fantaisiste argumentation.

Vous applaudissez M. Delahaye, qui a essayé de déshonorer la majorité républicaine ; mais vous applaudissez aussi M. Deschanel qui, au nom de la majorité républicaine, a flétri les accusations téméraires de M. Delahaye.

Vous êtes avec M. Brisson, quand il s'efforce d'ériger la Commission d'enquête en pouvoir judiciaire ; mais vous n'êtes plus avec lui, quand il refuse de donner suite à la proposition de Ramel.

Vous gémissez sur les jésuites expulsés en 1880 ; mais vous êtes l'un des auxiliaires actuels de M. Andrieux, leur expulseur.

Vous vous êtes souvent déclaré l'ami et le confident de M. de Cassagnac ; mais vous vous recommandez du nom de la République, tandis que M. de Cassagnac, plus franc, se vante de lui faire une guerre à mort.

Vous vous faites aujourd'hui protectionniste, — que dis-je ? professeur de protectionnisme, — et vous appartenez par toutes vos attaches à l'Empire, à ce régime qui a inventé le libre-échange et l'a imposé à la France.

Vous prétendez inscrire sur votre drapeau électoral les noms de MM. Cavaignac et Casimir-Périer. Mais eux-mêmes ont d'avance repoussé ce patronage, puisqu'ils se sont associés à tous ceux de mes votes que vous condamnez.

Il n'est pas jusqu'au nom respecté de M. Carnot que vous ne vouliez compromettre dans vos petites affaires électorales. Allez donc lui demander ce qu'il pense de votre République plébiscitaire et de votre façon de faire élire un Président !

Au milieu de toutes ces contradictions un autre serait mal à l'aise ; vous avez l'air, Monsieur, d'y être dans votre élément. Les accrocs à la logique, qu'est-ce que cela ? Vous vous en souciez, n'est-ce pas, comme de votre première opinion politique ?

*
* *

Il y a un titre que vous aimez à vous donner, avec une emphase charlatanesque : c'est celui *d'enfant du peuple.*

Enfant du peuple ! qui ne l'est pas ? Je le suis, pour mon compte, et tout le monde l'est autour de nous, exception faite de quelques nobles châtelains qui vont mettre encore votre candidature « démocratique » sous leur aristocratique protection.

Si vous êtes enfant du peuple, il faut avouer que le peuple ne vous a point, jusqu'à présent, traité en enfant gâté.

Chaque fois que vous vous êtes risqué sur le terrain électoral, vous en êtes revenu avec une défaite exemplaire, soit pour vous-même, soit pour les malheureux qui vous servaient de prête-noms. Que ce fût aux élections législatives, aux élections départementales, aux élections municipales, il n'y a eu de différence en aucun cas : vous avez toujours été battu.

Avez-vous vu parfois, dans nos luttes bretonnes, ces mauvais joueurs qui, abattus coup sur coup à cinq ou six reprises, ne veulent jamais reconnaître que « les épaules ont touché » ?

Ainsi faites-vous, Monsieur. Les échecs et les leçons ne comptent pas pour votre présomption. A la veille d'une élection, vous n'avez pas assez de flagorneries pour le peuple ; mais, quand il a fait une réponse électorale autre que celle que vous souhaitiez, le peuple souverain est pour vous comme s'il n'avait jamais été.

Combien de temps encore durera ce jeu ? Votre *candidatomanie* est tout-à-fait fin de siècle ; mais ira t-elle jusqu'au siècle prochain ? Les paris sont ouverts.

Dans l'intérêt du repos public, il serait temps que votre retraite politique vînt compléter votre retraite administrative ; vous l'avez gagnée au moins autant.

Espérons que, dans l'élection législative qui se prépare, le peuple parlera si haut et si ferme que vous serez, cette fois, bien forcé d'entendre et d'obéir !

Dr **COSMAO-DUMÉNEZ,**

Conseiller général de Pont-l'Abbé,
Député de la 2e circonscription de Quimper.

Pont-l'Abbé, avril 1893.

Quimper. — Imp. A. JAOUEN